中小学生食品安全知识读本丛书

# 小学生 食品安全 知识读本

## 第 2 版

主编 刘烈刚 杨雪锋

插图 郑中原

 中国健康传媒集团

中国医药科技出版社

图书在版编目（CIP）数据

小学生食品安全知识读本 / 刘烈刚，杨雪锋主编 . —2版 . —北京：
中国医药科技出版社，2019.9
（中小学生食品安全知识读本丛书）
ISBN 978–7–5214–1288–8

Ⅰ . ①小⋯ Ⅱ . ①刘⋯ ②杨⋯ Ⅲ . ①食品安全—少儿读物
Ⅳ . ①TS201.6–49

中国版本图书馆CIP数据核字（2019）第160239号

美术编辑　陈君杞
版式设计　北京兴睿达广告有限公司

出版　中国健康传媒集团 | 中国医药科技出版社
地址　北京市海淀区文慧园北路甲 22 号
邮编　100082
电话　发行：010–62227427　邮购：010–62236938
网址　www.cmstp.com
规格　710×1000mm ¹⁄₁₆
印张　7¹⁄₄
字数　110 千字
初版　2017 年 9 月第 1 版
版次　2019 年 9 月第 2 版
印次　2023 年 12 月第 4 次印刷
印刷　三河市万龙印装有限公司
经销　全国各地新华书店
书号　ISBN 978–7–5214–1288–8
定价　29.80 元

获取新书信息、投稿、
为图书纠错，请扫码
联系我们。

# 内容提要

　　小学生正处于学习知识和培养习惯的黄金时期，也是培养科学的食品安全认知、提高食品安全自我防护能力的关键阶段。本书在第一版的基础上，对内容进行了全新修订升级，系统性地从食物中的营养物质、营养健康、饮食安全和饮食卫生习惯四个方面向小学生普及食品安全知识。不仅要告诉小学生吃什么对身体有益、什么食物对身体健康无益，怎么吃更安全、更健康，更重要的是用科学知识解答了"为什么"。

　　科学、易懂的语言和生动有趣的原创彩色配图，不仅向同学们展示了营养健康科学知识，解开同学们对食品安全问题的种种疑惑，还让同学们在学习有趣、有料的食品安全知识中，耳濡目染地形成良好的饮食习惯，逐渐树立正确的食品安全意识。

# 编委会

## 主编

刘烈刚　杨雪锋

## 编委

（按姓氏笔画排序）

刘烈刚　杨年红　杨雪锋　郝丽萍

姚　平　唐玉涵　黄连珍

# 再版前言

《小学生食品安全知识读本》和《中学生食品安全知识读本》分别针对小学生和中学生量身定制，内容科学实用、作者权威专业、阅读感受轻松快乐，自2017年9月出版以来，在全国各地中小学校园掀起了食品安全教育的热潮，作为食品安全校园宣传教育的科普资料受到广大中小学生读者的喜爱。本套读本还荣获了"科技部2018年全国优秀科普作品""食品药品科普最佳传播作品（文字作品）"等省部级的奖项。

为贯彻落实习近平总书记对食品安全工作提出的"四个最严"要求，加强对学校食品安全与营养健康的监督管理，2019年3月，教育部、国家市场监督管理总局和国家卫生健康委员会3部委联合印发了《学校食品安全与营养健康管理规定》（以下简称《规定》）。《规定》提出，要加强食品安全与营养健康的宣传教育，中小学、幼儿园应当培养学生健康的饮食习惯。

中小学生正处于学习营养健康和食品安全知识、养成健康生活方式、提高营养健康和食品安全素养的关键时期。本套读本的出版不仅可以作为学校营养、健康及食品安全相关课程的辅导用书，还可以用于食品安全进校园活动的科普宣传资料发放，是一套有料、有趣、有用的食品安全科普书。本次再版对第一版内容中某些表述不严谨、不规范的地方进行了相应的修正和补充，并根据最新科研动态，同步更新相关知识点表述，确保书中知识与时俱进。同时，结合读者反馈意见对内容结构进行调整、精选。此次再版全新修订升级，知识点更新，系统性增强。

我们希望本套读本能帮助同学们在全面、深入了解食品安全和营养健康知识的基础上，加强食品安全意识，提升食品安全素养，关注食品安全问题，养成健康安全的饮食习惯，从而促进健康成长。

中国健康传媒集团

中国医药科技出版社有限公司

2019年7月

# 出版者的话

　　校园食品安全，关系青少年健康成长，关系亿万家庭安定与幸福。2016年，国务院食品安全委员会办公室联合6部委发文，要求进一步加强校园及周边食品安全工作。响应这一号召，中国健康传媒集团组织专家学者，精心编写推出《小学生食品安全知识读本》和《中学生食品安全知识读本》。

　　中小学生正处于学习知识和培养习惯的黄金时期，也是培养科学的食品安全认知、提高食品安全自我防护能力的关键阶段。在编写"读本"的过程中，我们充分考虑中小学生认知结构、阅读兴趣点等特点，一是突出针对性，组织开展了以学生、学生家长和教师为对象的广泛调研，接受调研的家长有知识分子、企业职工、公务员、自由职业者等，范围涉及十几个城市，在此基础上，分别针对小学生和中学生，精心遴选了日常生活中经常会遇到并且感兴趣的食品安全和营养健康热点问题。二是突出权威性，特邀华中科技大学同济医学院公共卫生专业资深专家，为我们征集遴选到的食品安全和营养健康知识进行权威解读，同时邀请中国营养学会的营养科普工作专家进行审定。三是突出可读性，把握中小学生思维、语言表达特点，邀请拥有丰富青少年及儿童读物出版设计经验的团队，为"读本"专门设计了时尚可爱的人物形象，少文字、多配图，图文并茂地讲故事，让孩子们轻松愉快地在阅读中了解、接受食品安全和营养健康科学知识。

考虑到小学生和中学生成长阶段的不同特点，"读本"内容有所侧重。《小学生食品安全知识读本》侧重告诉孩子们吃什么对身体有益、怎么吃更安全健康，告诉孩子们"饭前一定要洗手""睡前不能吃零食"。《中学生食品安全知识读本》侧重解答孩子们对于饮食安全和营养健康方面的认知误区和疑惑，包括介绍青春期健康饮食以及在外就餐、网上订餐等科普知识。我们希望，通过这些有针对性的问题，结合通俗易懂的表现形式，帮助同学们更深入、更全面地了解食品安全和营养健康知识，在生活中做到关注食品安全、注重平衡膳食营养，提升食品安全意识，养成良好的饮食卫生习惯，从而促进身体健康发育。

本书的编写工作，得到了国家食品药品监督管理总局领导的关心和大力支持。总局新闻宣传司颜江瑛司长、食品安全监管二司马纯良司长，对本书的编写给予了具体、悉心的指导，在此一并表示衷心的感谢。

中国健康传媒集团

中国医药科技出版社

2017年6月

# 本书主人公介绍

## 橙子

性别：女

年龄：10岁　　年级：小学四年级

星座：狮子座　　血型：B

情绪指数：火爆。

处事风格：直觉。

性格表现：爱说，爱笑，爱玩，好奇心重。

外貌特征：双丸子头让她看起来更活泼，她喜欢穿牛仔背带裙和黄色、橙色的短袖T恤搭配，她有只脾气很好的宠物小狗。

## 小飞

性别：男

年龄：10岁　　年级：小学四年级

星座：处女座　　血型：O

情绪指数：完美。

处事风格：理性。

性格表现：吹毛求疵，无限挑剔，极爱干净。

外貌特征：干净整洁的外表，运动、时尚的休闲上衣是他的最爱，蓝绿色的搭配也体现了他活泼开朗的性格。

## 奶牛

性别：男

年龄：1岁　　来历：抱养

星座：不详　　血型：A

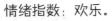

情绪指数：欢乐。

处事风格：吃货。

性格表现：受虐，有时候狂躁，胆小，好吃。

外貌特征：牛头梗类，黑白相间所以得名奶牛。脖子上戴着皮质的项圈及金色骨头形状的名牌，上面有它的名字和主人的电话。

# 目　录

# 3 饮食安全

043

# 4 饮食卫生习惯

069

# 1 食物中的营养物质

# 1 为什么"吃"这么重要

我们每天都需要吃饭，你知道"吃"背后的小秘密吗？

我们的身体，就像一台不停运转的发动机，每时每刻都需要消耗一定的能量来维持机体正常运作，比如运动、学习，甚至呼吸。那么消耗的能量靠什么来补充呢？答案就是我们每天所吃的食物。

从营养学角度来说，对于正在生长发育期的同学们而言，"吃"就显得格外重要。食物中含有六种人类赖以生存的营养素，包括碳水化合物、脂肪、蛋白质、维生素、矿物质和水。其中碳水化合物、脂肪以及蛋白质堪称"三大产能营养素"。而维生素和矿物质作为"微量营养素"，虽然需要量较少，但在维持人体正常生理活动方面都发挥着重要作用，大部分微量营养素在体内不能自身合成，而是需要从各类食物中获得。

怎么"吃"才能满足身体的需求呢？

我们每天都需要摄入五类食物，即谷薯类、蔬菜水果类、禽畜肉鱼蛋奶等动物性食物、大豆及坚果类以及油、糖等纯能量食物。由于各类食物所含营养素的种类和含量不尽相同，所以我们吃饭的时候要做到食物多样化，每一种食物都要吃，而不能只吃自己喜欢的食物哦！

既然"吃"如此重要，那么是不是吃得越多越好呢？肯定不是的。假如营养过剩、缺乏锻炼，你就会变成"小胖墩"，也就是肥胖症儿童。所以，我们要学会科学、健康、合理地去填充自己的小肚子。

当然，要想健康快乐地成长，除了科学、合理的膳食外，还需要健康的生活方式，如充足的睡眠、足够的运动、良好的心态等。

# ② 身体能量的来源 —— 碳水化合物

2017 年全民营养周的主题为"全谷物，营养+"。那么同学们知道全麦粉、糙米、燕麦、小米、玉米、高粱米等谷物中哪种营养素含量最多吗？是蛋白质、脂肪、碳水化合物、矿物质，还是维生素呢？

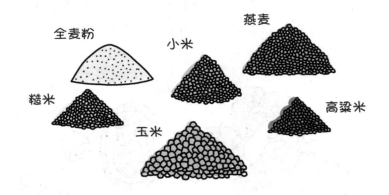

我们是碳水化合物家族

正确答案当然是碳水化合物了。碳水化合物是一个十分庞大的家族，包括单糖、双糖、寡糖和多糖几个小家族，单糖和双糖又称为简单的糖。每个小家族里面又有各自的成员，比如葡萄糖、果糖、麦芽糖、蔗糖、乳糖均为简单的糖。多糖中有淀粉、纤维素等。我们平时常吃的主食（米饭、面条等）里含量最多的就是淀粉。这些食物进入消化道之后，会在酶或酸的作用下，最终"变身"为葡萄糖而被身体吸收利用。

每天人体通过体内碳水化合物而产生的能量应占总能量的 50%~65%。它除了维持正常的生理需要（如生长发育）外，还为满足我们日常生活中各种活动（如学习、运动等）的能量需求发挥着重要的作用。因此，碳水化合物堪称"身体能量来源的主力军"。

碳水化合物在人体内最终会被分解为葡萄糖。为什么最终产物都是葡萄糖呢？这是因为葡萄糖是神经系统和心肌的主要能源，它对于维持神经系统和心肌的正常功能具有重要的意义，特别是大脑，只能利用葡萄糖作为能量使用。所以，在日常膳食中碳水化合物是不可缺少的，如果没有了葡萄糖，我们的大脑就没法运转了。而碳水化合物的主要食物来源是谷薯类，也就是说我们每日三餐都需要摄入一定量的主食（米饭、面条、薯类等），要注意不可以用你喜欢吃的肉类食物替代主食哦！

还要吃米饭哦

# 3 构建身体的原材料 ——蛋白质

我们的身体就像一所大房子，骨骼是房子的支架，肌肉是填充墙壁的砖头和水泥，器官就像是各种家具和电器，而骨骼、肌肉、器官、血液、细胞都离不开一种物质，这就是蛋白质，如果没有了蛋白质，就不会有身体这所大房子。

人体的骨骼、肌肉、器官等都与蛋白质相关

蛋白质在我们身体中是一个庞大的家族，遍布全身，根据家族成员的分工不同，执行不同任务的蛋白质名字也不同。比如，促进生长发育、肌肉生长的是肽类激素；催化体内各种化学反应的是酶；帮助身体识别侵入机体的病毒、细菌、寄生虫等异物并消灭它们的是抗体等。

当我们长高、长壮时，或者生病时，身体内有一部分蛋白质就会被损失、消耗、分解，这时就需要不断合成新的蛋白质来补充。那么蛋白质是怎样合成的呢？

身体合成蛋白质的原料叫作氨基酸，氨基酸家族有很多成员，有些氨基酸人体无法合成或合成速度远远达不到身体的需要，必须通过食物来补充。氨基酸按照身体的不同需要，根据遗传物质——基因上的结构，以一定的顺序连接成长长的肽链，然后经过不同的折叠、螺旋、排列后就构成了具有一定功能的蛋白质，这些不同功能的蛋白质就被派到身体各处发挥作用了。

人体体重约17%是蛋白质
每天消耗3%

我们身体总重量的约17%是蛋白质，每天约有3%的蛋白质会被消耗和重新合成。当身体中蛋白质被消耗，而合成蛋白质的原料不足时，该怎么办？这时我们就需要通过食物补充了。肉类、牛奶、鸡蛋等食物中都含有丰富的蛋白质，这些食物通过人体消化后，其中的蛋白质会被分解成氨基酸，而这些氨基酸就可以作为我们身体合成新蛋白质的原料了。

我们的身体正处在生长发育的重要阶段，需要更多的原料来构建骨骼、强壮肌肉，所以我们平时一定要充分摄入富含蛋白质的食物，例如鸡蛋、牛奶、大豆、肉类、鱼等，其中人体对鸡蛋、牛奶中蛋白质的消化利用率最高，要充足摄入才能长得更高更壮哦！

# 4 身体能量的储库 ——脂肪

同学们，你们知道在寒冷的南极居住着一种可爱的动物——企鹅吗？虽然它们像身穿燕尾服的绅士，但是个个挺着胖胖的"啤酒肚"，走路摇摆，样子十分呆萌。它们为什么会这么胖呢？这是因为它们所处环境温度极低，而脂肪可以起到隔热保温的作用，从而维持体温恒定，所以它们需要储备厚厚的脂肪来御寒。

说到脂肪，它是我们体内三大产能营养素之一，且脂肪所提供的能量比同等质量的蛋白质或碳水化合物提供的多2倍以上。除此之外，脂肪还具有一个重要的功能——储存能量。当我们摄入过多时，机体就会把用于产能所剩的能量转化为脂肪储存起来。而当机体需要能量（比如饥饿、患病）时，这些脂肪又会被机体动员起来进一步分解释放出能量，以满足自身需要。

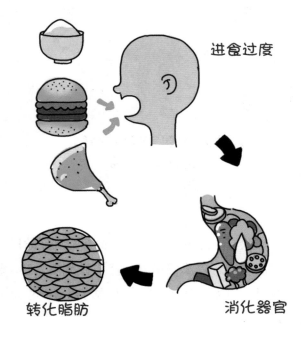

进食过度

消化器官

转化脂肪

　　尽管脂肪具有这么多的好处，但是同学们千万要注意，长期能量过剩或脂肪摄入不当都对身体有害无益。体内脂肪过多，除了使行动笨拙、外形不美观外，还会使机体患慢性病的风险增加。因此，我们要将总能量和脂肪含量的摄入维持在健康的范围内，一般为人体总能量的 20% ~ 30%。

　　特别提醒大家注意的是，不恰当的脂肪摄入也会给我们带来很多健康隐患。

　　比如，家长们在采购时会特别注意食品包装袋营养成分表中反式脂肪含量的标注，这是因为反式脂肪摄入过多对我们的身体有很大害处，一般含反式脂肪的食物主要有蛋糕、饼干、人造奶油等加工食品，因此我们应尽量少吃这些食品，为身体储备健康的脂肪。

## 5 身体的功能调节剂——维生素

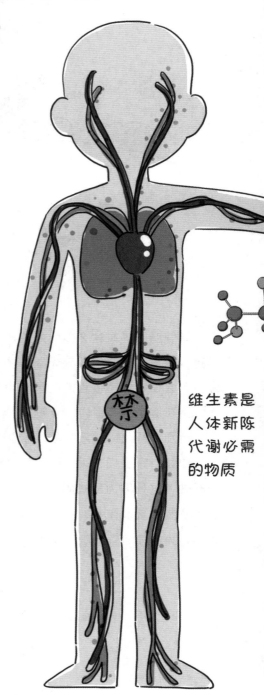

维生素是人体新陈代谢必需的物质

维生素，顾名思义就是维持生命的物质。与蛋白质、脂肪和碳水化合物不同，维生素既不是构成身体组织的原料，也不是能量的来源，虽然机体需要量少，但却是维持机体生命活动必需的一类营养素。人体犹如一座大型的化工厂，不断地进行着各种生化反应。而各种反应都离不开酶的参与，很多维生素作为辅酶或者是辅酶的组成分子参与调节酶的活性，因此维生素是维持人体代谢功能正常运转必不可少的物质，是身体重要的"维和部队"之一。

人体所需要的维生素根据其溶解性分为脂溶性维生素和水溶性维生素两大类。脂溶性维生素主要包括维生素 A、维生素 D、维生素 E 和维生素 K 等。它们存在于食物中的油脂部分，需要在脂肪的帮助下才能被人体吸收。比如胡萝卜必须用油来烹炒，或者与肉类一起炖煮，其中的脂溶性维生素——胡萝卜素才能被机体充分吸收，并在体内转化成维生素 A 发挥作用。脂溶性维生素可以在体内储存，而不易排出体外，因此摄入过多会有中毒的风险。水溶性维生素主要包括 B 族维生素和维生素 C。水溶性维生素在体内储存量较少，一般无毒性，但摄入过少，会很快表现出缺乏症状。

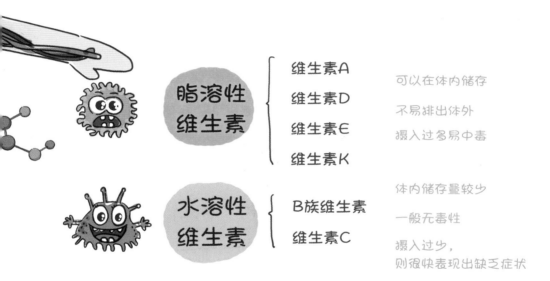

脂溶性维生素　维生素A　维生素D　维生素E　维生素K　可以在体内储存　不易排出体外　摄入过多易中毒

水溶性维生素　B族维生素　维生素C　体内储存量较少　一般无毒性　摄入过少，则很快表现出缺乏症状

由于大多数维生素在体内不能合成，也不能大量储存，因此外源性摄入是我们获取维生素的主要途径。新鲜蔬菜、水果、粗粮、豆类、坚果等都是富含维生素的食物。各种食物都要吃，才能全面摄入多种维生素，满足身体生长发育的需要。

# 6 分工各不同的必需元素
## ——矿物质

矿物质，并不是只存在于矿石中，我们人体中也存在着多种矿物质元素，而且分工各不相同，在身体生长发育过程中扮演着重要的角色。

按照化学元素在机体内含量的多少，可以将矿物质分为常量元素和微量元素两类。常量元素，就是体内含量大于身体体重 0.01% 的矿物质，如钙、磷、钠、钾、氯、镁、硫等元素；微量元素含量很少，小于体重的 0.01%。目前认为，铁、铜、锌、硒、铬、碘、锰、氟、钴和钼 10 种微量元素，为维持人体正常生命活动不可缺少的必需微量元素；硅、镍、硼和钒为可能必需微量元素；铅、镉、汞、砷、铝、锡和锂大剂量时具有潜在毒性，但低剂量可能具有功能作用，也属于微量元素。

常量元素
含量大于体重的0.01%

微量元素
含量小于体重的0.01%

别看各种矿物质元素的含量很少，但它们的作用却是很大的。如果体内某种或某些矿物质含量不足或过量，会直接影响身体的健康。例如，缺硒可能导致克山病和大骨节病，而体内硒过量则会导致中毒。不同的矿物质是如何在我们体内各显神通的呢？

| 矿物质 | 生理功能 |
|:---:|:---|
| 钙 | 构成骨骼和牙齿的主要成分　　维持神经和肌肉的活动　　促进体内酶的活动 |
| 磷 | 构成骨骼和牙齿的重要组成成分　参与能量代谢　构成细胞的成分　酶的重要成分 |
| 镁 | 多种酶的激活剂　　　　促进骨骼生长和神经肌肉的兴奋性 |
| 铁 | 参与体内氧的运送和组织呼吸过程　　维持正常的造血功能 |
| 锌 | 金属酶的组成成分或酶的激活剂　　维持细胞膜结构 |
| 硒 | 保护心血管和心肌的健康　　增强免疫功能 |

　　人体不能合成矿物质，只能从食物和水中摄取。各种矿物质在食物中的分布不同，我们对于不同食物中矿物质的吸收和利用能力也不同，在我国人群中，比较容易缺乏的矿物质主要是钙、锌、铁、碘、硒等。我们必须尽可能多地摄取多种食物，这样才能满足身体对矿物质的需要。所以，吃饭时不可以只挑自己喜欢吃的食物，而是要吃身体需要的食物，只有这样我们才能健康成长。

# 7 生命的源泉——水

　　水是生命之源，是健康之本。水是地球上最常见的物质之一，自古以来水就是我们蓝色星球上生命的摇篮和象征，地球上的生命起源与水存在着密切的联系，水是构成一切生物体的基本成分，可以说，一切的生物体都离不开水。

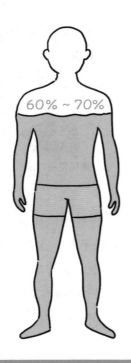

60% ~ 70%

　　从表面上看起来，人体是骨肉之躯，但实际上，水是人体重要的组成部分，约占一个健康成年人体重的60% ~ 70%，人体内的水含量因年龄、性别不同而有所差异。另外，水不仅是构成我们身体的重要成分，而且具有重要的生理功能，如参与体内各种物质新陈代谢和生化反应，将营养成分运输到组织，将代谢产物转移到血液再分配，将代谢废物通过尿液排出体外，维持体液正常渗透压及电解质平衡，调节体温，润滑组织和关节等。

不摄入水，生命只能维持数日，有水摄入而不摄入食物，生命可维持数周。可见水对维持生命至关重要，饮用足量的水有益于我们的身体健康。在正常情况下，7 ~ 10 岁的同学每天饮水量约为 1000 毫升，11 ~ 13 岁每天饮水量为 1100 ~ 1300 毫升，14 ~ 18 岁每日饮水量为 1200 ~ 1400 毫升。当然，在高温或身体活动强度增大的情况下，我们应适当增加饮水量以补充身体水分的过量消耗。

饮水也是有讲究的，应少量多次，不要等到口渴时才喝水，而是应该主动饮水。喝水时，白开水是首选，尽量远离甜饮料、碳酸饮料等饮品。

7 ~ 10岁　　饮水1000毫升/天

11 ~ 13岁　　饮水1100 ~ 1300毫升/天

14 ~ 18岁　　饮水1200 ~ 1400毫升/天

# 8 均衡膳食身体壮

　　同学们可能都有过这样一个想法：如果每天只需要吃一种食物多省事啊。这种食物最好既可以填饱肚子，又可以满足我们所有的营养需要，如果还可以预防疾病那就更好了。有没有这样的"万能食物"呢？目前世界上的科学家们还没有研究出这种神奇的食物。

　　早在两千多年前我国医籍《黄帝内经·素问》中就已提出"五谷为养，五果为助，五畜为益，五菜为充"的饮食原则，它体现了各类不同食物在我们膳食中的地位，表达了均衡饮食的思想。合理均衡的膳食是保障人体营养和健康的基础。那么什么是均衡饮食呢？

　　均衡饮食，要求摄入的食物中含有的营养素种类齐全，数量与比例适当，既能够满足身体对能量和各种营养素的需求，促进健康，又可以降低患病的风险。

怎样实现均衡膳食呢？食物多样是实现均衡饮食的基本途径。要满足每日膳食平衡，需要摄入各类食物，比如谷薯类、蔬菜、水果、畜禽鱼肉、蛋奶类、大豆坚果类和油脂类等，平均每人每天需要摄入 12 种以上的食物，每周 25 种以上。

看起来好像很复杂，其实早餐我们吃个包子、鸡蛋，喝碗粥或者喝杯牛奶，午餐和晚餐再各吃四五种食物，就可以轻松达到食物种类的要求了。

不过不要只要求品种，还要注意各类食物的摄入量。比如，米饭、馒头、面条等主食类食物，还有薯类、全谷物或杂豆类，这些谷薯类食物每天要吃 300 ~ 400克。另外，每餐要有蔬菜（每天 300 ~ 500 克），最好深色蔬菜占一半。同时每天还要吃 200 ~ 350 克新鲜水果。每天坚持喝一杯奶（300克）、吃一个鸡蛋，常吃豆制品，适量吃鱼、禽、蛋、瘦肉类动物性食品。

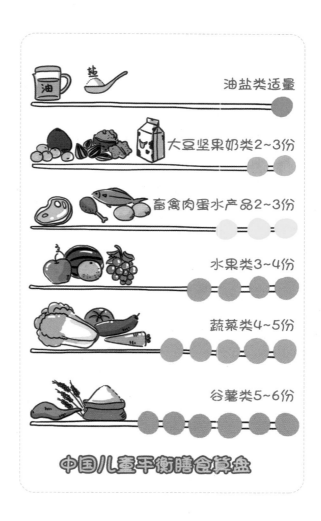

油盐类适量

大豆坚果奶类2~3份

畜禽肉蛋水产品2~3份

水果类3~4份

蔬菜类4~5份

谷薯类5~6份

中国儿童平衡膳食算盘

除了均衡营养外，要想身体棒，还要养成健康的生活方式，每天坚持体育锻炼，减少看电视、玩电脑、玩手机的时间，保证充足的睡眠，这些都非常重要哟！

# 2 营养健康

# 9 不爱吃蔬菜，可以用水果代替吗

水果是替代不了蔬菜的

有的同学认为水果、蔬菜均为植物性食物，它们所含的维生素和矿物质等营养素差不多，而水果与蔬菜相比，味道更甜美、食用更方便，因此就用水果来代替蔬菜。其实，这种做法是错误的。

水果和蔬菜中都含有维生素 C 和矿物质，但含量差别很大。水果中除了鲜枣、山楂、柑橘、猕猴桃和草莓等含维生素 C 较多外，其他常见水果如苹果、梨、香蕉、桃和西瓜等含维生素 C 与矿物质都比蔬菜少，尤其不如绿叶蔬菜多。而且，一般水果中 B 族维生素、维生素 D 及胡萝卜素等维生素的含量也远远低于绿叶蔬菜。因此，仅靠吃水果是难以满足机体对维生素和矿物质的需要的。

水果含糖分较多，如果摄入量过多，容易造成血糖水平的波动，使人精神不稳定，出现头昏脑涨、精神不集中、疲劳等不适症状。这些糖分进入肝脏后，很容易转化为脂肪，使人发胖。而蔬菜中含纤维素较多，它能减慢食物的消化速度，清除肠道内的有毒物质，治疗便秘，对人体健康十分重要。

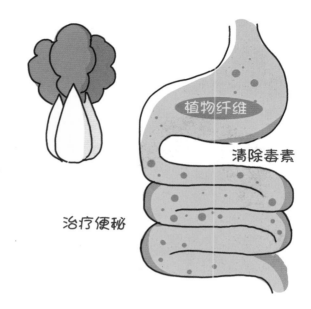

**温馨提示**

各类食物都有自己的特点和营养价值，任何一种食物都不能满足人体多方面的需要，为了保证营养均衡，各类食物都应该吃一点。因此，不能用水果来代替蔬菜，两者应适当搭配食用。

# 10 一天只能吃一个鸡蛋吗

不能多吃？

鸡蛋很有营养，而且味道也不错，很多小朋友都喜欢吃。但爸爸妈妈却经常说："一天吃一个鸡蛋就可以了，不能多吃。"你知道这是为什么吗？

爸爸妈妈之所以这样说，是因为蛋黄中含有一定量的脂肪和比较多的胆固醇。吃太多的脂肪容易使人变胖，而吃进太多胆固醇，还会增加患心血管病的风险。所以，通常认为每天吃一个鸡蛋就可以了，不要多吃。

含有脂肪和胆固醇

　　实际上，鸡蛋中虽然含有一定的脂肪和比较多的胆固醇，但蛋黄中还有一种叫卵磷脂的物质，它是一种强有力的乳化剂，能使胆固醇和脂肪颗粒变得极细，让它们顺利通过血管壁，被组织细胞充分利用，从而减少血液中的胆固醇。而且蛋黄中的卵磷脂被消化后可释放出胆碱，进入血液中能合成乙酰胆碱，是神经递质的主要物质，可提高脑功能，增强记忆力。

　　可见，鸡蛋有益的方面还是主要的。应该吃多少与每个小朋友的饮食结构有关。比如说，你今天已经吃了很多牛肉、红烧鱼等荤菜，那么就可以少吃一点鸡蛋。反之，如果你今天吃得比较素，那么多吃一点鸡蛋也是可以的。

# 11 是煎鸡蛋好，还是煮鸡蛋好

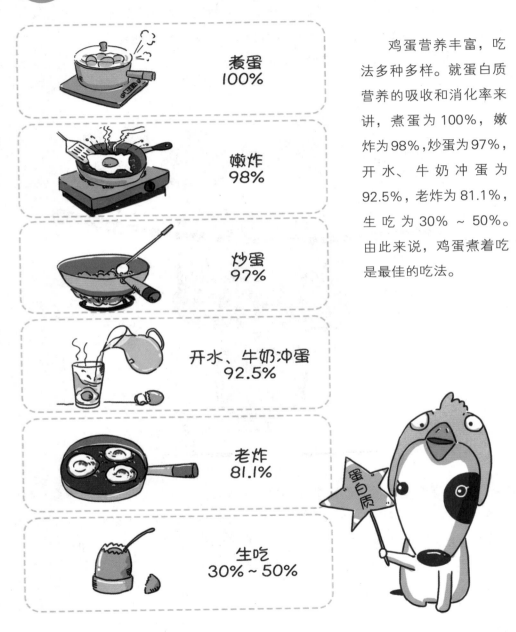

煮蛋
100%

嫩炸
98%

炒蛋
97%

开水、牛奶冲蛋
92.5%

老炸
81.1%

生吃
30%～50%

鸡蛋营养丰富，吃法多种多样。就蛋白质营养的吸收和消化率来讲，煮蛋为100%，嫩炸为98%，炒蛋为97%，开水、牛奶冲蛋为92.5%，老炸为81.1%，生吃为30%～50%。由此来说，鸡蛋煮着吃是最佳的吃法。

还有一点要提醒大家，有的同学喜欢吃单面煎蛋，觉得很嫩、口感很好。但是，你知道这种好吃的煎蛋有可能存在卫生问题吗？

因为母鸡体内可能会有一些致病细菌，而这些致病细菌在母鸡生蛋的过程中会转移到鸡蛋中，因此鸡蛋是一种比较容易受到细菌污染的食品。另外，鸡蛋壳有一些小的气孔，虽然新鲜鸡蛋表面有一层霜状的膜可防止微生物入侵，但在储存和运输过程中膜被破坏，细菌则很容易穿过蛋壳污染鸡蛋。

单面煎蛋通常只有一面稍微凝固，蛋黄还处于溏心状态，甚至表面的蛋白还没有凝固，鸡蛋的凝固温度大概是 62℃，而鸡蛋需要加热到 71℃以上，其中的细菌才能被剿灭。显然，单面煎蛋不能实现有效灭菌。另外，如果蛋清没有熟透，含有抗生物素蛋白和抗胰蛋白酶，还会影响生物素和蛋白质的消化吸收。

所以，如果吃煎蛋的话，最好还是选择两面全熟的做法。

# 12 可乐会腐蚀牙齿吗

可乐是很多同学的最爱，有人爱听拧开瓶盖时"呲"的响声，有人爱第一口可乐细密的气泡冲进口腔的刺激，也有人爱喝可乐时打"饱嗝"的畅快感。大家爱可乐的理由各有不同，但这份喜爱千万不可过分，可乐喝多了可是会对我们的身体产生不好影响的，特别是对牙齿。

可乐的主要成分是含有二氧化碳的糖水，属于酸性饮料，pH 值明显低于牙釉质脱矿的临界值（pH 5.5）。饮用过程中与牙齿表面接触时，可乐中的酸性物质——碳酸、磷酸等直接作用于牙釉质发生酸蚀，使釉质中的羟基磷灰石晶体被溶解、破坏。尤其需要注意的是，儿童牙齿的牙釉质处于未成熟阶段，对抗酸腐蚀的能力较低，更容易被碳酸饮料软化、溶解，因此长期饮用可乐容易引起龋齿。

另外，可乐是深褐色的饮料，长期喝可乐还可能使牙齿着色，让原本白白的牙齿变黄，影响我们甜美的笑容。

既然可乐是糖水，含糖量自然较高，能量摄入过多会引起肥胖。因此，要尽量减少喝可乐的频率和量。

当然，偶尔少量喝一点可乐也未尝不可，但是我们可以在喝的过程中采取一些措施减少对牙齿的损害，比如借助吸管，避免可乐与牙齿过多接触。

还有一点要提醒大家，喝完可乐不要马上刷牙。因为刚喝完可乐，牙齿表面被酸性物质附着，与酸反应后，牙齿中的钙离子会游离出来，此时用牙刷摩擦牙齿，容易造成牙面的细小缺损，所以喝完可乐后先用清水漱口，半小时后再刷牙，更有利于牙齿健康。

# 13 坚果好吃不过量

坚果，通俗来讲，就是由坚硬的果壳包裹着种子而形成的果实。我们常吃的坚果可分为淀粉类坚果和油脂类坚果。淀粉类坚果，如板栗、莲子等，含淀粉量高；油脂类坚果包括核桃、腰果、开心果、瓜子、花生等，富含油脂。

坚果中含有多种不饱和脂肪酸、矿物质、维生素 E 和 B 族维生素，特别是其中的不饱和脂肪酸，对血管和心脏的健康十分有益。所以，同学们不要光顾着自己吃，也要提醒爸爸妈妈、爷爷奶奶、姥姥姥爷吃点坚果，可以更好地保护他们的心脏健康。富含多种营养素的坚果还能为大脑提供营养物质，促进生长发育，增强体质，预防生病。

每天10克

  坚果吃起来特别"香"，这是因为坚果的含油量较高，所以它们属于高能量食物。每人每周吃 50 ～ 70 克（只计算果仁部分，每天 10 克，相当于妈妈单手一捧的量），有助于心脏健康。但不能过量摄入，如果每天吃太多坚果，能量摄入过多，造成身体内脂肪堆积，很可能会变成小胖子的。

咸味瓜子

琥珀核桃仁

炭烧腰果

  选择坚果时，少吃咸味的瓜子、琥珀核桃仁、炭烧腰果等加工食品，最好选择原味的。在吃饭前可以先吃几粒坚果，坚果本身的油脂会让人产生饱腹感，促进营养成分的吸收。也可以在两餐之间吃点坚果作为零食，但千万不要因为坚果"个头小小"的，吃三五个不过瘾，一把一把吃起来没完哦。

# 14 不要吃太多糖，否则牙齿会坏掉

从货架满满的超市到各具特色的糖果专卖店，随处可见五颜六色的糖果。这些糖果色彩缤纷，甜美可口，看到它们会不自觉地被吸引。

"甜食"可以给我们美好、幸福的感受，还可以缓解紧张的情绪，偶尔适量地吃块糖感觉很好。但当我们沉浸在"美好的感觉"中，忽视了糖的摄入量，问题也就随之而来了，首当其冲的便是与糖亲密接触的——我们的牙齿。

经常吃糖，特别是黏性糖果，容易形成牙菌斑。牙菌斑是由黏附在牙面上的细菌和食物残渣形成的生物膜，其中的细菌将糖分解产生酸，酸性产物长期滞留在牙齿表面，逐渐腐蚀牙齿，使牙齿脱钙、软化，造成缺损，形成龋洞。吃糖次数越多，含糖时间越长，发生龋齿的概率越大。吃糖时，我们都把糖含在嘴里，直到含化为止，这样甜味可以较长时间保留在口腔中，但是糖留在口腔内，细菌就会大量繁殖而形成一些有机酸和酶，直接破坏牙齿，使牙齿脱钙、腐蚀，形成龋齿。

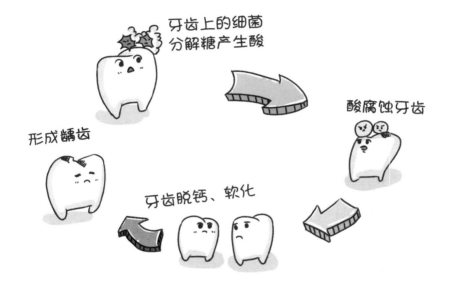

另外，糖在体内的代谢需要消耗多种维生素和矿物质，因此，经常吃糖会造成维生素缺乏、缺钙、缺钾等营养问题。我们知道，钙是骨骼和牙齿的重要组成部分。同学们正处于生长发育期，如果吃太多糖而且又不注意口腔卫生的话，不仅为口腔中的细菌提供了生长繁殖的良好条件，还易引起维生素、钙等缺乏，导致口腔溃疡和龋齿。

糖果虽甜，吃太多就不好了。所以，一定要适量，不贪多，并且做好口腔清洁，养成早晚刷牙、吃糖后漱口和睡前不吃糖的习惯。

# 15 冰淇淋别贪多

冰淇淋俗称"冷饮之王"，以沁人心脾的香甜、润滑细腻的口感和品种繁多的口味深受大家的喜爱。无论是在烈日炎炎的夏日，还是室外风雪、室内温暖的冬日，吃上一口自己最爱的冰淇淋，感觉特别幸福、开心。但是如果一杯一杯吃个不停，或者一个人吃完一大桶冰淇淋，肠胃肯定要跟我们"抗议"了。

冰淇淋

冰淇淋都是在冰柜中冷冻保存，温度在 −23℃ ~ −18℃，一大桶冰淇淋进肚，相当于给我们的肠胃短时间内迅速降温，如果我们从 36℃ 的环境中突然换到 −20℃ 的地方，是什么感受呢？原本肠胃消化食物时，大量血液会流到胃部和小肠，分泌消化液，但在低温的状态下，肠胃不能进行正常的消化工作，不仅影响食物的消化吸收，而且还会造成肠胃不适。长期如此，还会导致胃肠疾病的发生。

有的同学可能会有疑问：冰淇淋需要被消化吸收吗？冰淇淋化了不就是糖水吗？我们先来看看冰淇淋的成分是什么吧。

冰淇淋主要以饮用水、牛乳、奶粉、奶油（或植物油脂）、糖为原料，加入适量食品添加剂，经混合、灭菌、均质、老化、凝冻、硬化等工艺加工制成。根据冰淇淋主料的不同，可以分为奶油冰淇淋、酸奶冰淇淋和果蔬冰淇淋等不同的品种。从其原料不难看出，冰淇淋是有一定营养价值的，含有优质蛋白质、乳糖、钙、磷、钾、钠、氯、硫、铁、氨基酸、维生素 A、维生素 C、维生素 E 等多种营养成分，这些物质进入人体后自然需要肠胃进行消化、吸收，如果消化系统被"冻坏了"，不能正常工作，必然会影响营养素的吸收。

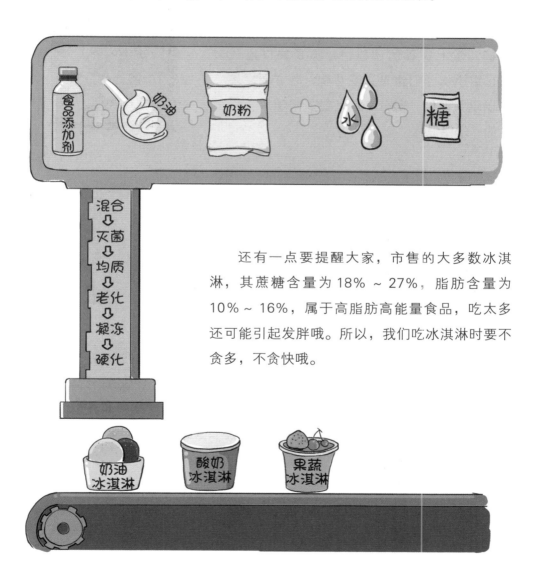

还有一点要提醒大家，市售的大多数冰淇淋，其蔗糖含量为 18% ~ 27%，脂肪含量为 10% ~ 16%，属于高脂肪高能量食品，吃太多还可能引起发胖哦。所以，我们吃冰淇淋时要不贪多，不贪快哦。

## 16 干脆面适合当放学路上的加餐吗

对于干脆面，大家肯定不陌生，放学路上在小超市买上一包，"咔咔"几下把面饼捏碎，撒上香香的调料包，抓紧袋口摇一摇，跟小伙伴们边走边吃边聊，既方便，又可以跟朋友们一起分享，是很多同学放学路上的"好伴侣"。

面粉 / 油脂

盐分高

干脆面到底适不适合作为放学路上的加餐呢？首先，我们来看一看干脆面的营养价值。干脆面的营养成分基本上只有面粉和油脂，蛋白质、维生素等含量较低。这么来看，虽然它有一定的营养，但营养成分单一，营养价值不高。作为一种加餐，似乎没有太大的不妥。然而，干脆面大多数属于油炸型面食，油脂含量高，长期吃能量摄入会过高。而且干脆面包装中的调料包所含盐分很高，一包普通干脆面加调料包吃下去，就会使我们当天摄入的盐超过6克的标准量，长期如此，就会损害我们心血管的健康。

可见，干脆面虽然美味，却隐藏着油、盐摄入过量的健康隐患，尤其对正处于生长发育关键期的同学们而言，身体需要摄入更全面的营养，干脆面作为一种营养成分单一、营养价值偏低的食物，偶尔吃一两次并没有什么不妥，但作为每天放学路上的加餐，可以说，它不合格。

还有，大家吃干脆面时是不是都是直接用手抓着吃？每次吃之前都有把手洗干净吗？是不是还会吸吮手指上的调料呢？要知道这样会使手上的细菌随着干脆面进入我们的身体，如果致病菌在我们体内大量繁殖，还会引发胃肠疾病。所以，从某种意义上说，干脆面是"不卫生"的食品。

如果放学后饿了，我们可以选择少吃点水果或奶制品等营养价值较高的食物。另外，在路上边走边吃也是不好的习惯哦。

# 17 乳酸菌饮料是酸奶吗

乳酸菌饮料当然不是酸奶！酸奶，是以鲜奶或复原乳为原料，经过巴氏杀菌消毒后添加益生菌，再经过发酵制作成的乳制品，因营养丰富、味道可口而深受大家的喜爱。

乳酸菌饮料 ≠ 酸奶

酸奶

发酵

酸奶制作流程示意

添加益生菌

鲜奶或复原乳

巴氏杀菌

现在市场上有很多乳酸菌饮料打着酸奶的旗号销售，而且品种、口味各式各样。虽然乳酸菌饮料口味好，酸酸甜甜的，很多同学都特别喜欢喝，但是这些乳酸菌饮料并不是奶，而是在牛奶或者奶粉经乳酸菌类培养发酵制得的乳液中加入水、糖液等调制而成的饮料，其中只含有少量的牛奶，其他成分中绝大部分都是水，营养含量很低，与酸奶有本质上的区别。

所以，千万不要认为喝了乳酸菌饮料就等于喝了奶制品。我们在选购时应该注意看产品名称、产品种类。如果含有"饮料""饮品"等字样的，主要成分就不是牛奶。另外，我们应该学会看产品上的营养成分表，通过营养成分表我们可以很容易地区分奶制品和饮料。

# 18 冷藏酸奶能不能加热之后喝

酸奶既美味又营养，是很多同学喜欢的饮品。可是在冬天，冰凉的酸奶喝起来口感不太好，特别是有些肠胃比较敏感的同学，就更不能喝凉的东西了。于是，有人就想把酸奶加热之后再喝，可又有人说酸奶不宜加热喝，到底哪种说法是对的呢？

有人认为酸奶不宜加热喝，是担心加热后会杀死酸奶中的益生菌。在高温加热的情况下，酸奶中大量的活性益生菌确实会被杀死，但并不是说酸奶就不能加热之后喝。加热酸奶的温度是有限度和条件的，可通过以下方法进行加热。

01

将酸奶放在45℃的温水中缓慢加温，等到酸奶温度适宜时饮用即可。

02

将酸奶倒入微波炉适用的容器中，放到微波炉中低火加热30秒即可。

03

将酸奶从冰箱冷藏室中拿出来，放在室温中，等酸奶温度与室温接近时再喝。

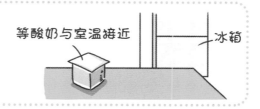

以上处理方法一定要注意加热的温度，只要温度不高，酸奶中的益生菌就不会被杀死，而且适当地加温反而增加了益生菌的活性，会增强其特有的保健作用。

因此，酸奶是可以适度加热后饮用的。

# 19 尽量少吃"洋快餐"

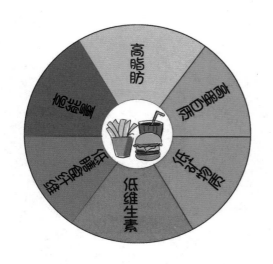

"洋快餐"以其方便、快捷、可口的特点，深受同学们的青睐。但是"洋快餐"具有"三高"和"三低"的特点，即高能量、高脂肪、高蛋白质和低矿物质、低维生素、低膳食纤维，因此，它们并不是健康食品。长期食用"洋快餐"，会影响小朋友们的身体健康。

首先，长期吃高能量、高脂肪的"洋快餐"容易导致肥胖。"洋快餐"中含有反式脂肪酸，它会使有助于防止血管硬化的"好胆固醇"（HDL-C）减少，而使容易导致血管梗阻的"坏胆固醇"（LDL-C）增加，这样会增加血管疾病发生的风险。同时，反式脂肪酸也含有能量，长期大量摄入容易造成肥胖，或导致肥胖加剧。

"洋快餐"中反式脂肪酸的危害

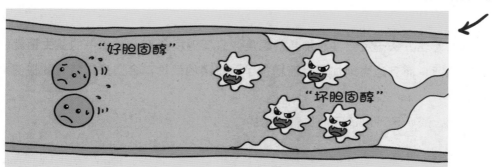

长期吃"洋快餐"脂肪摄入太高，除了导致肥胖外，还可能引起体内激素异常。研究发现，体内堆积的过多脂肪还具有内分泌作用，会使儿童体内激素系统被激活，脂肪细胞瘦素分泌增加，引起内分泌失调，导致儿童性早熟，影响身体正常发育。例如男孩提前出现变声，女孩提前出现乳房发育和月经来潮等。

内分泌失调　　儿童性早熟

此外，"洋快餐"多采用油煎油炸的方式，高碳水化合物、低蛋白质的食物，例如薯条，在加热（120℃以上）烹调过程中形成的丙烯酰胺，以及油脂在反复高温油炸后形成的杂环胺类物质，都具有一定的致癌性。因此，无论从营养的角度还是食品安全的角度，都应该尽量少吃"洋快餐"。

# 3 饮食安全

## 20 掉在地上的食物马上捡起来还能吃吗

我们在吃饭的时候，经常会有尴尬的事情发生：夹菜到自己碗里时，筷子一滑，食物"啪叽"掉地上了；或者，小伙伴递来吃的，没接好，又眼睁睁看着它掉在地上。这个时候同学们有可能就会犹豫，捡还是不捡啊？不捡吧，可惜；捡了吃吧，怕拉肚子。

5秒　　　30秒　　　60秒

你可能听说过"5秒原则"，是说食物掉在地上的时间如果少于5秒就可以吃，因为细菌需要一定时间才能"爬"到食物上。真的是这样吗？

其实，早在2006年，美国克莱姆森大学的研究人员就用沙门菌做了研究，他们当时用香肠片测试了木头、地毯和瓷砖三种地面。结果发现，食物掉在地上的时间和沾染细菌的数量并没有明显关系，5秒、30秒和60秒的结果是差不多的，这也意味着"5秒原则"并不可靠。

也许你会说，我吃了捡起来的食物，也没有生病啊。虽然掉在地上的食物会很快沾染上细菌，但这并不意味着吃掉以后就会立刻生病。其实，会不会生病和食物上的细菌数量、是否沾染致病菌及自身抵抗力有关。

1秒

罗格斯大学的研究发现，影响细菌转移最重要的因素是湿度和水分。比如西瓜掉在地上不到1秒钟就可以沾染大量细菌，而表面干燥的橡皮糖沾染细菌最少。但是油性表面的影响要比水分小得多，因为，在同样的研究中发现，普通的面包片和涂上黄油的面包片掉在地上后沾染细菌的数量并没有明显差异。

另一个影响细菌转移的重要因素是地面的平整度。平整光滑的瓷砖、不锈钢表面更容易让细菌沾染食品。

1秒

总之，食物掉在地上沾染细菌是不可避免的，即使你用嘴吹、用手搓、用水冲，细菌也很难完全去掉。所以，拿食物时要小心点，尽量避免食物掉在地上。如果不小心掉了，最好还是不要吃了。

## 21 烂掉的水果还能吃吗

有些人认为水果腐烂之后，只要将烂掉的部分削掉，其他部分还能吃；有些人则认为如果水果已经开始腐烂，那么整个水果都不能再吃了。到底哪种说法对？烂掉的水果到底还能不能吃呢？

水果腐烂一般由三种原因引起。

**1** 碰撞引起的损伤　　**2** 低温造成的冻伤　　**3** 微生物引起的霉变腐烂

在水果的运输过程中，水果堆放在箱子中，还要经历路途的颠簸，难免会受到磕磕碰碰。被碰伤部位的细胞产生了破损，细胞质流出来，水果表面就会变软，或者流出果汁，"破了相"的水果"颜值"虽然会降低许多，但是只要在碰撞后短期内吃完，这类水果是不会影响我们身体健康的。

变软

流出果汁

磕碰

低温冻伤常发生在冰箱冷藏的水果身上，比如将一根新鲜的香蕉放进冰箱，只需一夜时间，第二天就会发现香蕉上"长斑"了，时间再长一点，果皮里的果肉也会变软发黑。这是因为在低温条件下，细胞结构被破坏，细胞壁破损之后释放出多巴胺，在氧化酶的作用下多巴胺与空气中的氧发生反应，生成了棕色物质。此外，低温还提高了果胶酯酶的活性，促使分解不溶性的果胶，使香蕉变软。这类水果的味道和口感会变差，但是只要细菌没有乘虚而入，这类水果也是安全的。

但是如果水果被微生物，特别是霉菌所侵染，霉菌便会利用水果的营养物质快速繁殖，甚至会产生霉菌毒素。在这种情况下，虽然水果表面只能看到一小部分烂掉了，但霉菌产生的毒素和代谢产物已经布满整个果实，如果吃了这样的水果，霉菌毒素可能会引起人体胃肠系统紊乱，还可能引发肾脏等器官的疾病。

所以，不同原因造成的水果腐烂要区别对待。由碰撞和低温造成的烂水果，挖掉变软流汁的部分后还是可以放心吃的，但是那些被霉菌感染的水果，就是腐烂部分能看到黑毛或者白毛的水果，还是把它们送进垃圾桶吧。

## 22 拉肚子是吃坏东西了吗

拉肚子，医学上称为腹泻，腹泻可分为急性和慢性两种。急性腹泻多为感染性腹泻，细菌、真菌、病毒和寄生虫等感染均可导致腹泻。另外，药物或毒素也可引起急性腹泻。慢性腹泻病因较为复杂，很多疾病都有腹泻的症状。

由此可见，引起腹泻的原因是多种多样的，它可能是肠道的问题，例如肠道炎症；也有可能是一些全身性疾病在消化系统的表现，例如甲状腺功能亢进症。不一定只有吃坏东西才会腹泻。

不过，我们在日常生活中最常碰到的，还是由细菌、病毒或者它们分泌的毒素所引起的腹泻。

简单举一些例子：

🐾 金黄色葡萄球菌在自然界中无处不在，夏天气温高，剩饭剩菜暴露在空气中，空气、灰尘中的金黄色葡萄球菌沾到饭菜上会大量繁殖。而且产生的毒素又非常耐热，通过加热也很难消灭它的毒性，这些毒素和食物一起进入肠道，就可能引起腹泻。

💜 如果吃饭前没有洗手，金黄色葡萄球菌可能会从手上转移到食物上，然后随食物一起进入我们的肚子里，导致腹泻。

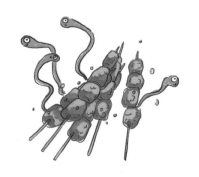

🍀 猪肉中常常含有旋毛虫的幼虫，当我们吃烤串时，如果烤得半生不熟，没能完全杀死它们，隐藏在其中的旋毛虫就可能进入人体导致腹泻。

　　由饮食不当引起腹泻的情况很常见，如果一起吃饭的其他人都拉肚子，那我们就要考虑有可能是吃了不干净的食物引起了腹泻，这时候最好到医院去看医生。

# 23 吃水果时要不要去皮

有句顺口溜："吃葡萄不吐葡萄皮，不吃葡萄倒吐葡萄皮。"照此所说，葡萄最好是连皮带肉一块吃掉。那么，到底应不应该将葡萄带皮吃下，吃其他水果时到底要不要去皮呢？

首先，让我们来看看水果皮究竟有何独特之处。以葡萄为例，根据研究显示，葡萄皮中有多种对人体心血管和免疫系统十分有益的物质，而且含量明显高于葡萄果肉。例如可以降血脂、预防动脉硬化、增强人体免疫力的白藜芦醇；还有保护心血管、降血压、抗衰老的黄酮类物质等。我们最常吃的苹果，其果皮中含有丰富的抗氧化、抗衰老、抑菌的多酚类物质。

这么来看，水果皮是很有营养的，从营养学的角度来讲，吃掉果皮肯定是没问题的。但随着环境污染的加重，种植、采收、销售过程中某些化学物质的使用，都威胁着水果的安全。果皮作为水果的"防护衣"，可以很好地保护果肉不受到污染和伤害，但其本身却可能受到污染。

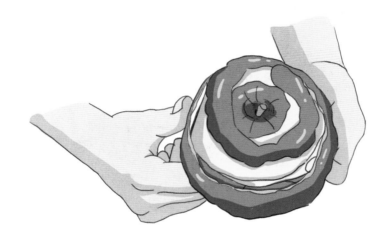

在 2015 年的世界卫生日上，围绕"从农场到餐桌，保证食品安全"的主题，世界卫生组织提出针对中国的建议：对根块类蔬菜和水果要彻底削皮，对叶子菜和某些水果（比如葡萄）要用干净的水浸洗。这一建议的提出，主要是因为在食品生产过程中会使用人工化学制剂和杀虫剂，水果和蔬菜表皮中有残留农药的可能性。

因此，下次吃水果时，一定要先用干净的水浸洗，可以削皮的水果最好把果皮削掉再吃。在丢掉的水果皮中损失的营养物质，我们可以从果肉和其他食物中获得。

# 24 不要吃街边的炸臭豆腐

走在街上，通过味道就能定位附近有炸臭豆腐的摊位，很多人不喜欢这股味道，而有些人却独爱这种"臭味"，他们觉得闻起来越臭吃起来越香。为什么白白的豆腐会变得这么臭？臭豆腐是安全健康的食品吗？

臭豆腐与其他豆制品（如黄豆酱、豆豉、各种腐乳）一样，都是豆类发酵制品。还没炸的臭豆腐有的是黑黑的，这是因为豆腐接种了霉菌，经过发酵，产生了多种特殊的香味物质，如有机酸、醇、酯、活性肽、氨基酸、色素等。

臭豆腐的发酵工序都是在自然条件下进行的，很容易被其他微生物特别是致病菌污染。而且有些臭味物质，实际上是蛋白质的腐败产物（胺类及硫化氢），它们具有一股特殊的臭味和很强的挥发性，在制作或存放过程中还可能产生强致癌物——亚硝胺，如果吃太多臭豆腐，这些物质会在体内积聚，可能损伤消化系统及其他器官的健康。

　　小摊贩售卖的臭豆腐有很大的安全隐患。有些不良商家为了降低成本，可能用工业原料，如硫酸亚铁，给豆腐染上青黑色，再加上用臭味物质制作卤水，豆腐在这种卤水里浸泡数小时即可制成臭豆腐，这些工业用的化学物质对人体的伤害很严重。

环境脏

工业原料

　　而且，街边小摊贩炸的臭豆腐不能保证用油的质量，可能使用劣质油、地沟油，反复煎炸的油脂会产生多种有害物质，都可能危害人体健康。

　　爱吃臭豆腐的同学，不要每次路过臭豆腐摊都大吃一顿了，对你的身体健康并无好处。

## 25 进口食品更安全健康吗

家长们都想给孩子最好的东西，不少家长认为进口食品是最好、最安全的食品，所以他们去超市都喜欢逛进口商品货架，或网上海淘，或找朋友从国外代购。家长们这么费心买到的进口食品真的比国产食品更安全、更健康吗？

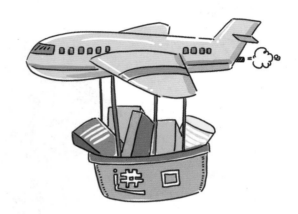

其实，并不是这样。有些经销商为了牟取更大利润，故意对产品做了一些手脚。比如有的不法商人会从境外进口已过期的食品，故意用加贴的中文标签遮盖住原包装上的外文日期，将"到期日"标识为"生产日期"，伪装成是刚生产不久的食品，其实早就是过期产品了。还有的不法厂家擅自将进口食品进行包装或分装后进行销售。

　　某些进口食品实际上是这样诞生的：生产、包装都在国内进行，或者国内厂商到产地进原材料，在国内进行加工、分装、销售。也有些厂商是注册商标在国外，但产地难以确定，也可能是国内生产的。

　　即便真的是进口食品，也并不一定是安全的，目前，市场上很多种类的进口食品都出现过检测不合格的情况。由于我国所执行的食品安全标准与国外有许多不同之处，有些标准比国外的更加严格，所以有些进口食品会存在质量不合格的问题。

　　选购进口食品时，一定要学会看标签。我国食品安全法中明确规定，进口食品的预包装上必须贴有中文标签，而且必须标明产品的名称、配料表、生产日期、保质期限、食品的原产地以及境内代理商的名称、地址、联系方式等。如果没有中文标签或信息不全，要谨慎购买。

　　由此可见，进口食品并不等于更安全的食品。盲目地认为进口食品更安全健康的看法是片面的，合格的国产食品在质量、口味等方面不比进口食品差，而且有些质量标准甚至高于进口食品，同学们更应该支持国货呦！

# 26 彩色的零食能吃吗

　　走进超市，五颜六色的食品是不是瞬间激起了食欲？彩虹的棒棒糖、粉嫩的棉花糖、"灰太狼"模样的糖果，还有各色的果冻、果汁、冰淇淋……

　　当你奔向这些美丽的食物时，爸爸妈妈是不是一把拉住你说，这些零食中都是食品添加剂，不能吃。

色素

　　彩色的食物中的确添加了食品添加剂，这类可以使食品变成不同颜色的物质叫作色素。在食品加工的过程中为了满足大家的"爱美之心"，也为了让食品的色泽能更加稳定持久，会向不同食物中添加色素。一般情况下，色素在符合国家标准的前提下使用是安全的，不会对我们的身体造成损害。

爸爸妈妈在做面点时加入红红绿绿的蔬菜汁，就是利用色素来增加我们的食欲。好吃的食物，色、香、味必须俱全，而"色"是占首位的。在大规模的食品生产中，无法利用蔬菜汁这种"天然色素"，为了保证色素的稳定性和食品的价格不会太高，"合成色素"成为更好的选择。对于合成色素的安全性问题，大家都很关心，各国在制定色素的使用标准时也特别谨慎。有些科学家的研究发现，合成色素对儿童的活动和注意力可能有不好的影响。这说明，虽然符合国家标准用量的色素对成人来说是安全的，但儿童的身体还在生长发育过程中，对色素的代谢功能还不完善，儿童食品需要更高的安全系数，所以同学们还是少吃彩色的零食为妙。特别是小超市中卖的几毛钱一袋的小零食，可能出现滥用色素和过量使用色素的情况，会增加对儿童身体产生危害的风险。

小飞哥！这么鲜艳的食物可能有合成色素，吃多了对你的活动和注意力都可能有不好的影响！

# 27 吃鱼时要小心，不要让鱼刺卡在喉咙里

　　鱼类的脂肪含量较低，而且含有较多不饱和脂肪酸，对大脑、心血管系统都有好处。鱼肉虽然鲜美，但有一个让很多人头疼的问题，那就是鱼刺经常会"伤害"我们。鱼刺卡喉是常有的事，有些人就是因为怕被鱼刺扎到，所以不喜欢吃鱼。

　　鱼刺卡喉后如何处理？有一些"土办法"广为传播，比如吞饭团、吞馒头、吞菜、大量喝水，等等，都是通过"吞"的方式，把鱼刺强行压下去来解决问题。但是这些方法可能会导致鱼刺扎得更深，还可能损伤喉咙，引起感染化脓、发炎红肿，从而痛上加痛。如果是较大的鱼刺刺破食管或血管，位置越深危害越大，有时甚至需要通过手术取出，十分危险。

喝醋 ✗

还有一种说法，认为喝醋能软化鱼刺，这样它就不会卡在那里了。其实醋的酸度并不能软化鱼刺，反而醋浓度太大还会烧伤口腔、喉咙和食管黏膜。

用力咳嗽 ✓

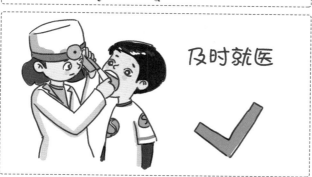

及时就医 ✓

**正确的做法**

如果被小鱼刺卡住的话，可以试着用力咳嗽，很多时候小的鱼刺会跟着气流脱落下来。如果鱼刺又大又硬，有强烈的刺痛感，或者感觉颈部、胸部很疼，需要马上找医生来处理。

其实，我们吃鱼的时候稍加注意，就不会被鱼刺伤害了。比如可以先把鱼刺挑出来，鱼肉放到另一个碗里，挑完鱼刺再吃就安全很多了。吃鱼时，嘴里最好不要混有其他的食物。另外，可以尽量挑选小刺或刺较少的鱼吃。吃鱼时不要说话，细细品味鱼肉的鲜美吧。

## 28 干燥剂千万不要吃

你知道干燥剂是什么吗？

当你打开食品包装袋时，经常能发现里面有个小袋，这个小袋里装的就是干燥剂，它主要是用来防止食物吸潮、变质的。

最常见的应用于食品、药品的干燥剂是硅胶（即二氧化硅），其种类多（细孔干燥剂、粗孔干燥剂、蓝色硅胶干燥剂、无钴变色干燥剂等），颜色和形状各异，属于中性干燥剂，无毒，呈半透明状。很多同学可能会因为好奇而误食食品包装中的这些干燥剂。

干燥剂吃到肚子里会怎么样呢？硅胶进入嘴里，整个口腔的水分会被吸走，使人有口干的感觉。另外，如果吞下去，胃部会感觉很不舒服，还会觉得眼睛、喉咙及鼻腔等很难受。好在硅胶本身无毒，一小包干燥剂不会造成生命危险。这是因为它不能被人体消化吸收，最后会随粪便排出体外，如果在大便中发现有粉红色颗粒排出，说明硅胶已经排出体外了。

粉色颗粒

已排出

200毫升

由于硅胶价格较贵，有些商家为了节约成本，可能会使用更便宜的生石灰（氧化钙，白色粉末状）。如果误食，可能灼伤口腔或食管，这时候马上喝些牛奶，可以保护消化道黏膜，但也不要喝太多，200毫升以内就可以了，否则会引起呕吐。

小小一袋干燥剂，如果吃下去，难受的可是自己，还是不要好奇它的味道了。

# 29 要小心容易引起过敏的食物

　　有些小朋友吃了不合适的食物之后，突然出现打喷嚏、流鼻涕、眼睛发痒、恶心、呕吐、肚子疼、皮肤红疹、咳嗽、气喘等症状，这说明身体对这些食物中的某种或某些成分产生了过度反应，也就是出现了"食物过敏"。

　　哪些食物容易引起过敏呢？

　　容易引起过敏的食物有牛奶、大豆、鸡蛋、小麦、坚果、鱼类和贝类等高蛋白食物。还有的人可能对特殊气味的食物，比如洋葱、大葱、蒜、韭菜、香菜、羊肉，或者刺激性食物如辣椒、胡椒、芥末等过敏。

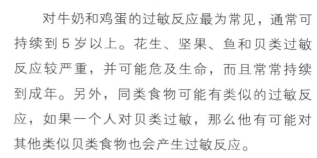

对牛奶和鸡蛋的过敏反应最为常见，通常可持续到 5 岁以上。花生、坚果、鱼和贝类过敏反应较严重，并可能危及生命，而且常常持续到成年。另外，同类食物可能有类似的过敏反应，如果一个人对贝类过敏，那么他有可能对其他类似贝类食物也会产生过敏反应。

有些加工食品，比如饼干、巧克力、乳饮料等食品中可能加入了花生、核桃等坚果成分，坚果也是种过敏原，对坚果过敏的同学一定要注意食物成分表中是否有引起自己过敏的物质。对于食物过敏的同学来说，哪怕只吃进去很少含过敏原的食物，都可能有生命危险。

目前避免食物过敏最好的方法，就是完全不接触易引起过敏的食物，包括含有过敏食物成分的加工食品。对于没有吃过的食物，应先少量品尝或用舌头舔舔，如果没有过敏反应，再逐渐增加摄入量。

# 30 热热的食物可以直接放冰箱吗

晚饭做多了，没吃完，热热的饭菜能不能直接放进冰箱里冷藏呢？

我们来看看，饭菜放入冰箱中，会有什么变化。冰箱冷藏室的温度一般在4℃～8℃，在这个温度下，大部分细菌都会处于"冬眠状态"，因为这个温度太低，不利于它们繁殖。所以，细菌不会以饭菜为营养大量生长，也就不会让饭菜腐败变质。这样，第二天再充分加热一下饭菜，还是可以安全食用的。

世界卫生组织建议，食物在室温下不要放置超过2个小时，而是需要快速冷却，这样有利于抑制细菌生长繁殖，让食物更安全。

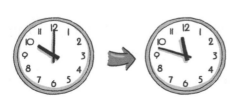

　　不过需要注意的是，热热的食物最好放置片刻，让热气散发一些，等到降至室温，再将饭菜分成小份用保鲜盒装起来放进冰箱，既可以避免串味，还可以防止饭菜结霜。这样还有利于食物中心温度快速降低，更好地保证饭菜的安全性。

　　你可能会问，如果将热热的食物直接放冰箱会不会影响冰箱制冷而损坏冰箱？会不会特别耗电？其实，对冰箱来说，这些都属于正常的运行范围，最重要的还是要保证饭菜的食用安全性。

# 31 塑料包装的食品 不能放进微波炉

塑料包装的食品在我们的日常生活中越来越多，如饮料、速冻食品、快餐食品、熟食等，给人们的生活带来了极大的方便。有时候爸爸妈妈为了节省时间，往往将买来的塑料包装食品直接放进微波炉，却不知道这样做可能带来的潜在危害。为什么这样说呢？

首先我们得先弄明白微波炉为什么能加热。

微波是一种高频率的电磁波，它本身并不产生热。这种肉眼看不见的微波能穿透食物达5厘米，并使食物中的水分子随之运动，剧烈的分子运动产生了大量的热能，于是食物就被加热了，这就是微波加热的原理。

微波可以穿透包着食品的塑料袋，虽然不会直接对塑料袋进行加热，但塑料袋受到食物的热传递，温度也会随之上升。食品被加热到多少度，塑料袋就能升到多少度，它们的温度基本是一致的。这时，塑料袋中的有害物质，特别是塑料添加剂就有可能会转移到食品中。微波炉加热过程中，塑料包装中的添加剂（如塑化剂）、塑料单体（没有完全聚合的物质）等可能会转移到食品上，影响人体健康。由此可见，塑料包装的食品不能放进微波炉加热。

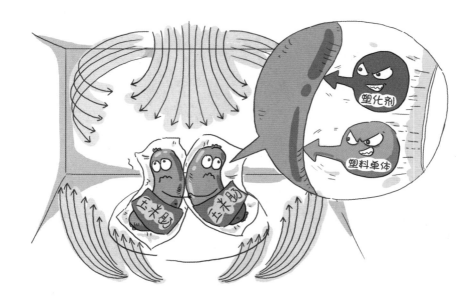

为了保证食品安全，建议使用陶瓷、玻璃等材质的碗或碟作为微波加热的工具，这样就可以避开塑料包装可能带来的危害了。

# 4 饮食卫生习惯

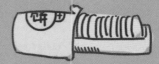

## 32 早晚刷牙你坚持做到了吗

　　刷牙的作用很多，可以清洁口腔，按摩齿龈，促进血液循环，增强抗病能力。所以，同学们一定要每天早晚各刷一次牙，而且谨记晚上刷牙比早晨刷牙更重要。

　　为什么晚上刷牙更为重要呢？那是因为，一日三餐后，牙面、牙缝中会存有食物残渣。夜间睡眠时，口腔内唾液的分泌量明显减少，唾液对牙齿的清洗作用大大减弱。这时候，如果我们没有刷牙就入睡，那么细菌会在口腔温暖潮湿的环境中大量繁殖，那些残留的食物残渣在细菌作用下发酵糜烂，产生异味。久而久之，龋齿、牙周炎等口腔疾病就找上门来，牙疼、牙龈肿痛也会让我们辗转反侧。所以临睡之前，我们一定要认真刷牙。

早晨起床后刷牙也很重要，不仅可以将嘴巴中的异味清除干净，也为马上要到来的早餐营造出愉快的心情。那么如何正确刷牙呢？刷牙时要顺着牙缝上下刷，上面牙齿往下刷，下面牙齿往上刷，里里外外刷干净，牙齿才会不生病。同时刷牙时要保证每次超过 3 分钟。

牙齿外侧上下刷

下排牙齿内侧从下往上刷

上排牙齿内侧从上往下刷

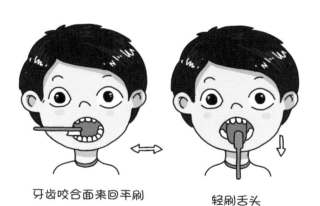

牙齿咬合面来回平刷　　　　轻刷舌头

# 33 不要等口渴了再喝水

很多同学是不是经常等口渴了才想起来喝水？其实这样对身体是十分不好的，你们知道这是为什么吗？

水是生命之源，是人体内含量最多的成分，同时也是不可或缺的营养物质。水参与了我们身体内细胞和体液的组成，体内所有的生化反应都依赖于水的存在。当你觉得口渴时，表示体内的水分已经失去平衡，部分细胞已处于脱水状态，这时再喝水已经有些迟了，就像你忘了浇水而枯萎的花朵，后面你再浇水也很难恢复鲜花的艳丽。

对于正处于生长发育关键期的同学们，饮水不足可以直接影响你们的身体健康，还能影响你们的行为活动表现和精神状态，可能会有注意力不集中、容易疲倦、头痛等表现。回想一下，自己身上是否出现过因体内缺水而导致的类似现象呢？

　　每天及时充足饮水是维持充沛体力、脑力和健康的基础。每天应该喝多少水，什么时间喝水对身体最好呢？建议同学们每天喝 1000 ～ 1300 毫升水，如果天气炎热或运动时出汗较多，应该适当增加饮水量。要养成良好的喝水习惯，不要等渴了再喝水，学会少量多次、定时主动地喝水。每天可以分 6 ～ 8 次，早晨起来喝一杯温开水，白天每个课间或两个课间喝一杯水，每次 100 ～ 200 毫升，晚上睡前 1 小时可以适当饮水。

早晨起来喝一杯温开水

白天每个课间或两个课间喝一杯水，每次100～200毫升　　晚上睡前1小时可以适当饮水

　　这样一天的喝水任务就完成了，很简单吧，你能做到吗？

# 34 不要喝生水

夏天上完体育课，觉得又热又渴，大家肯定争先去拧开水龙头先洗把脸。水这么清凉，要是再喝上几口肯定特别爽。然而这生水要是喝下去，可没有想象中那么"爽"，还可能让你很不舒服。

我们先来看看生水中都有哪些危险分子吧。

首先是肉眼看不到的微生物，比如肠道菌、变形杆菌、霍乱弧菌、胃肠炎病毒、肝炎病毒、脊髓灰质炎病毒、血吸虫、阿米巴原虫及各种虫卵。如果喝了不卫生的生水，这些微生物进入胃肠道，可能会引起水源性肠道疾病，例如腹痛腹泻、肠胃炎、痢疾等。

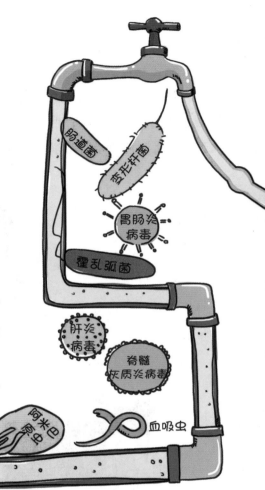

生水中还有一种物质——氯，这其实是自来水厂在处理生水时添加进去的，主要为了杀灭细菌等微生物，但它的含量如果超过国家标准，对我们的身体也存在一定的危害。这是因为自来水中的氯很容易被身体的皮肤或黏膜等快速吸收，进入我们的血液或器官内，从而危害我们的身体。同时，氯还能与水中残留的有机物形成一些有毒的致癌物，如卤代烃、氯仿等，对我们的身体造成损害。

自来水没有煮沸不能喝，对于不是自来水的生水如野外的生水就更不能喝了，其中有些有毒有害的物质如汞、砷、镉等重金属以及农药、氰化物、苯等有毒化学物，会直接损伤身体内的细胞，影响我们的生长发育和身体健康。

另外，生水一般温度较低，凉凉的生水进入肠胃，胃肠受到低温刺激就会像身体受凉后"打寒战"一样出现痉挛，影响胃肠道的消化吸收，从而引起腹痛、消化不良等。

由此可见，饮用生水会危害我们的身体健康，因此，一定不要喝生水，而应该饮用经过加热煮沸的水。

氯

# 35 饭前喝水好不好

有的同学说，饭前不要喝水，因为此时喝水会稀释胃里的消化液，影响食物消化吸收，而且喝水会使肚子胀鼓鼓的，耽误我们正常吃饭。也有同学说，饭前要喝水，因为饭前喝水能够保证胃肠道消化液的充分分泌，帮助消化食物。那我们到底应该相信谁的话呢？

恰当的做法是在饭前，即在早、中、晚三餐前约半小时至一小时内喝水，此时我们基本处于空腹状态，水在胃肠道里停留时间短，很快进入血液补充到全身细胞中去，从而保证了消化液的充分分泌，起到增进食欲、促进消化的作用。若长时间不喝水，吃饭时又没有汤水，饭后就会因为要合成消化液而大量消耗体内的水分，这时你可能会觉得口渴，但是此时再喝水，反而会冲淡胃液，影响食物的消化吸收。

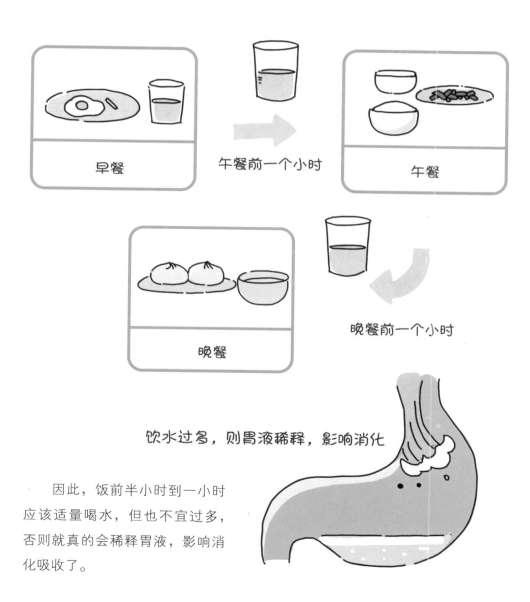

早餐

午餐前一个小时

午餐

晚餐

晚餐前一个小时

饮水过多，则胃液稀释，影响消化

因此，饭前半小时到一小时应该适量喝水，但也不宜过多，否则就真的会稀释胃液，影响消化吸收了。

# 36 饭前一定要洗手

闻着餐桌上红烧排骨的诱人香味，肚子又咕噜咕噜地叫着，这时候你是不是想立马抓起排骨塞进嘴里呢？别着急，吃饭前还有一件更重要的事情，那就是洗手。

为什么饭前一定要洗手呢？因为手是人体的"外交官"，我们从事的各项活动，比如倒垃圾、擦玻璃、玩积木、穿鞋、洗脚等，都需要手来帮忙。因此，我们劳动、玩耍时，手很容易沾染各种病原微生物，比如细菌、病毒、寄生虫卵等。你可能很难想象，我们温暖潮湿的小手掌里看不到的细菌有成千上万个，一不留神，在指甲缝里藏身的细菌就会通过舔手指的小动作进入体内了。

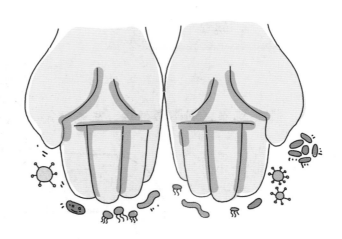

如果吃饭前我们没有认真洗手，很容易就将看不见的细菌或者寄生虫卵吞进肚子里了。接下来会发生什么呢？吞进肚子里的细菌或者寄生虫卵，进入我们温暖潮湿的消化道，就会像种子掉落在丰沃的土壤中一样，开始繁殖，并不断入侵我们的肠道、肺部、大脑等器官，这时候我们就会腹痛、腹泻、恶心、呕吐，甚至头痛。这时候我们就需要打针、吃药甚至做手术才能恢复健康了。

倒垃圾、擦玻璃、玩积木、穿鞋、洗脚

沾染细菌、病毒、寄生虫卵

进入体内

那么该怎样洗手呢？最好用流动水，一般来说冲洗10秒就可以洗去手上80%的细菌了。如果涂上肥皂或洗手液认真搓洗，再用流水冲洗，就可洗去手上99%的细菌。

涂上肥皂认真搓洗，再用流动水冲干净。

# 37 正确洗手跟我学

洗手看似简单，但是你真的会正确地洗手吗？

正确洗手准备工作：打开水龙头，让流动水充分湿润双手，取洗手液或肥皂均匀涂抹整个掌心、手背、手指、指缝。

正确洗手第一步：两手掌并拢，手心对搓，可以搓掉手心及指腹的污垢，如果太脏，可以多搓几下，直到干净为止。

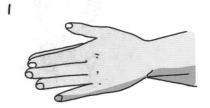

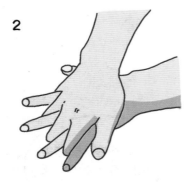

正确洗手第二步：用右手的手心搓左手的手背，同时张开手指，两手的手指交叉，这样可以洗掉左手背的脏东西。同样的，用左手心搓右手背，交叉手指，可以洗掉右手背的脏东西。

正确洗手第三步：将手心对着手心，张开手指，两手的手指交叉，滑动搓洗5下。这样手指缝里头的灰尘就洗掉了。

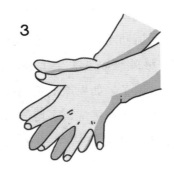

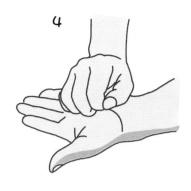

正确洗手第四步：将右手握成拳头，放在左手心里转，再把左手握成拳头在右手心里转，这样就把指关节上的脏东西洗掉了。

正确洗手第五步：洗拇指。用左手手心握住右手大拇指转动。然后交换，用右手手心握住左手大拇指转动。

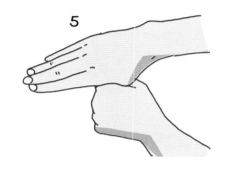

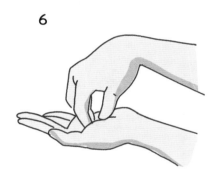

正确洗手第六步：将右手的指尖并拢，放在左手手心揉搓，同样的方法揉搓左手指尖。

正确洗手第七步：最后洗手腕，用左手握住右手手腕打转，再用右手握住左手手腕打转。

七步洗手法，同学们学会了吗？

## 38 好朋友也不要共用一套餐具

关系再好的朋友，一起吃饭时也要使用各自的餐具，不能共用一套餐具，这是为什么呢？

有的同学得了诺如病毒所导致的病毒性腹泻

餐具带有诺如病毒

原来，生活中存在很多看不见的"捣蛋鬼"——细菌和病毒，只能通过光学显微镜甚至是电子显微镜才能看到它们。大多数情况下，正是这些看不见却又无处不在的"捣蛋鬼"，成为让我们生病的罪魁祸首。当然了，它们想让我们生病，首先我们得要接触它们。像流感病毒可以存在于空气中，经由空气传播，在我们呼吸的时候通过呼吸道入侵我们的身体，引起发热、感冒。还有很多细菌和病毒，可以通过共用餐具来传播。比方说有的同学得了诺如病毒所导致的病毒性腹泻，在快要康复的时候来上学，恰巧和我们一起吃饭。如果这个小朋友在上完厕所后没有洗干净手，手上就有可能带有诺如病毒。这个时候我们和他共用餐具，我们就会接触到诺如病毒。它们便会趁机进入我们的消化道，通过小肠黏膜入侵身体，让我们也患上病毒性腹泻，上吐下泻好几天。还有幽门螺杆菌也会通过共用餐具传播，这种细菌不仅能让你患上慢性胃炎，还可能造成生长发育迟缓，同时还是成人后慢性消化道溃疡的病因之一。

共用餐具，我们就可能接触到诺如病毒

我们也患上病毒性腹泻，上吐下泻好几天

因此，好朋友之间也不能共用餐具。最好是能有自己专用的餐具，使用后清洗干净并消毒。

**39** # 吃饭时不要狼吞虎咽

当你特别饿又看到自己喜欢吃的食物时，或者着急赶紧吃完饭好出去玩时，你肯定就开始狼吞虎咽了。但是，你知道狼吞虎咽除了会影响食物的消化之外，还可能会使你变身成为一个"小胖墩"吗？

只是吃饭的速度加快了一些，就有这么严重的后果吗？我们先来看看身体的真实反应是怎样的。我们的大脑里有一个主管食欲的神经中枢，叫作"食欲中枢"，位于下丘脑。它是由饱食中枢和摄食中枢组成的，可以和大脑皮质一起，通过胃肠道的反应对人的食量进行控制。正常情况下人们在吃饭时，食物进入胃里以后，通过胃壁的扩张把信号传递给大脑，但是这种信号的传递是需要时间的。一般饱腹的信号需要 15 ~ 20 分钟才能传递到大脑，如果大脑收到"吃饱了"的信号，它会发出"不需要继续进食"的指令，这时我们就会认为吃饭的任务已经完成了。而如果进食过快，吃饭的时候狼吞虎咽，虽然吃的食物已经够量，但是饱腹的信号却还没有传到大脑，我们就会继续吃东西，当大脑接收到饱腹信号时，其实我们的胃里已经塞满了远超过正常量的食物。长此以往，能量摄入就会过多，而这些过多的能量，在身体内就会转化为脂肪。久而久之，你可能就会变成一个"小胖墩"了。

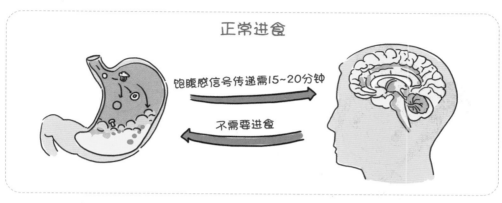

正常进食

饱腹感信号传递需15~20分钟

不需要进食

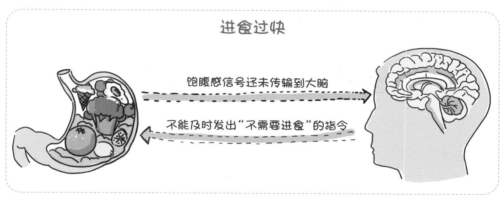

进食过快

饱腹感信号还未传输到大脑

不能及时发出"不需要进食"的指令

那我们吃饭的时候应该怎样做呢？为了身体健康，同学们最好细嚼慢咽，一口饭嚼30下再咽下去，不要吃得太快，以保持食物的适量摄入，不要增加胃肠的消化负担，避免肥胖的发生。

一口饭嚼30下

# 40 太热的食物不要吃

寒冷的冬天吃口滚烫的火锅是不是觉得瞬间浑身暖和？放学回家，妈妈做好的菜和汤刚刚出锅，你是不是迫不及待地想先吃上一口？热热的食物吃下肚虽然很爽，但其实对身体是个不小的"考验"。

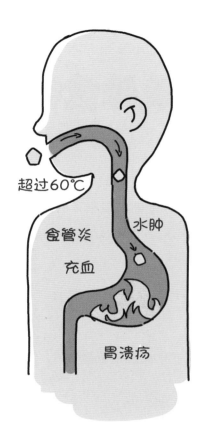

超过60℃

食管炎

充血

水肿

胃溃疡

嘴里的食物在进入胃部之前要经过一条笔直的"长廊"，这条"长廊"在医学上被称为"食管"，它连接着口腔、咽部和胃部。我们吃进去的食物首先要经过口腔的咀嚼、吞咽以及食管肌肉的蠕动才能顺利下行到达胃部，然后进行下一步的消化，而这一过程大概只需几秒钟的时间。之所以不要吃烫的食物是因为我们的口腔、食管表面都分布着黏膜，正常体温一般在 36.5℃ ~ 37.2℃，所以黏膜能耐受的适宜进食温度为 10℃ ~ 40℃，最高温度也不超过 60℃。而我们平时吃食物时如果感觉到烫了，那就说明食物温度已经超过 60℃ 了。这样高温的食物可能会灼伤口腔和食管黏膜，并使之充血、水肿甚至坏死。虽然黏膜有自我修复功能，但长期反复热刺激会使黏膜发生不可逆转的病理性损伤，造成食管炎、胃溃疡等。

俗话说，"心急吃不了热豆腐"。刚煮好的食物先凉一凉再入口，千万不要吃太热的食物。同样，在喝水的时候也应该讲究温度的适宜。最好饮用不超过 40℃ 的温水，过烫的水也会强烈刺激口腔环境，甚至可能烫伤口腔黏膜。

下次你身边的人如果再心急地吃很烫的食物，你知道该怎么办了吗？

食物太烫的话还是稍等片刻吧

# 41 为什么不能只吃自己喜欢的食物

碰到自己喜欢吃的食物，你是不是就停不下来了呢？眼中只有喜爱的食物，其他食物都不想吃？

我们平时生活中吃进去的每一种食物，无论是蔬菜水果还是鱼禽肉蛋，都不可能完完全全含有我们所需要的全部营养物质。

不能只吃肉哦

那么，如果我们只吃某一种或少数几种食物，这样就很可能出现其中某几种营养物质摄入过剩，而其他营养物质摄入不足的问题，是非常不利于身体健康的。例如，鱼禽肉蛋类含蛋白质丰富，但部分维生素类含量较低，如水溶性维生素 C，只吃这些食物可能会导致身体内出现维生素 C 缺乏，而引起全身乏力、食欲减退，甚至出血、牙龈炎和骨质疏松等症状，俗称坏血病。有些人崇尚素食，完全不吃肉蛋类食物，虽然蔬菜、水果类食物中维生素、矿物质等含量较多，但蛋白质、碳水化合物以及脂肪含量少，如果平时只吃植物性食物，则很有可能会出现蛋白质摄入过少，引起身体消瘦、免疫力降低、容易生病等问题。

所以，我们要注意养成健康的饮食习惯，做到荤素搭配，均衡膳食，平衡营养，这样我们才能健康茁壮地成长。

荤素搭配，均衡膳食，平衡营养

# 42 不要一边吃饭一边看电视

平时爸爸妈妈都不让孩子看电视，可能只有吃饭时我们才有机会打开电视看看动画片，因为不少家长也有吃饭时看电视的习惯。然而，一边吃饭一边看电视其实对身体健康是十分不利的。

吃饭的时候看着电视，似乎增加了不少乐趣，但我们的注意力会更多地集中在有趣的动画片或电视节目上。本来吃饭时为了保证胃肠道能充分地消化吸收食物，胃肠蠕动加快，消化液大量分泌。但当我们沉浸在电视播放的节目中时，大脑对消化系统的指挥受到影响，导致消化液的分泌减少，胃肠蠕动减慢，不仅影响食欲，而且不利于食物的消化和吸收。

　　孔子说"食不言"，意思就是吃饭时不要讲话。古人认为吃饭时就应该专心地吃，细嚼慢咽，品尝食物的滋味，连说话都不可以。说话对吃饭的影响都这么大，更别提看电视了。要是边吃饭边看电视，被动画片逗得哈哈大笑，如果被食物呛到或者噎到，可能会出大问题的。

小飞，食不言，小心噎到！

　　另外，在吃饭时看电视也十分累眼。因为要一会儿看电视，一会儿看桌上的菜，眼睛的工作负担也加重了，长时间如此容易造成视力减退，变成近视眼。所以，吃饭时还是把享受美食放在第一位吧！

视力↓

视力表

# 43 吃饭时不要说笑打闹

我们在上幼儿园的时候老师就要求我们吃饭时不要大声说话，你知道为什么吗？

因为吃饭时说笑打闹会影响食物的消化与营养的吸收。吃饭时说笑打闹，会导致消化液分泌减少、胃肠道蠕动减慢，出现消化不良或进一步引起胃肠道疾病，如胃炎、胃溃疡、肠炎等。

另外，吃饭时说笑还容易使食物误入气管，造成吸入性肺炎，严重时还可能会导致窒息。咽喉下方有一块软骨叫作会厌软骨，它就相当于一个门，决定气管处于关闭还是通畅的状态。在吞咽食物时，会厌软骨向下盖住气管，食物顺利进入食管。下咽动作完成以后，会厌软骨又恢复直立状态，以便进行呼吸。但是在大声说话或者大笑时，气管里冲出来的气流会把会厌软骨冲开，这时如果正好在吃东西，食物就有可能在吞咽的时候，滑到暴露出来的气管里，导致窒息。

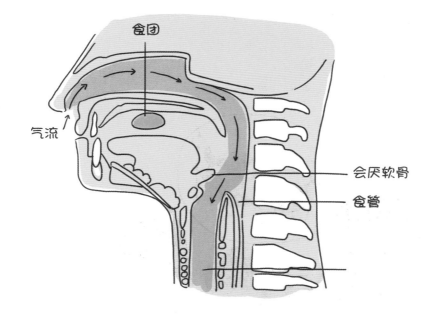

如果吃饭时你实在忍不住要说话或者被其他人逗笑，尽量先把嘴里面的食物咽下去，以防止食物进入气管。在吃偏硬的食物或者吃鱼时，还是先把精力集中在吃饭上为好，如果硬的食物或者鱼刺卡到喉咙，受苦的可是我们自己。

# 饭后一定要漱漱口

饭后为什么一定要漱口呢？

因为吃饭的时候，食物残渣会像捉迷藏一样，偷偷藏到齿缝以及口腔中看不到的地方，如果没有认真漱口，对于口腔里的细菌而言，这些残渣就是美味佳肴，在细菌的作用下食物残渣会发酵，产生酸性物质，这些酸性物质对腐蚀牙齿的保护层，破坏牙根，损伤牙神经，甚至使牙齿脱落。久而久之，一个个黑黑的"牙洞"就出现了，牙疼、牙龈肿胀也会出现。那些食物残渣发酵后的异味，会在你跟其他同学交谈时"跑"出来。看到别人捂着鼻子往后退，你是不是后悔吃完饭没好好漱口呢？

如何正确漱口呢？

首先，将水含在嘴里，闭上嘴，然后鼓动腮帮子与唇部，使水在口腔内充分与牙齿接触。接着利用水的冲击力使其通过牙缝，反复冲洗口腔的各个部位，这样就能将残留在牙齿的小窝小沟、牙缝及牙龈处的食物残渣清除掉，从而使口腔内的细菌数量减少，达到清洁口腔的目的。

所以，饭后我们一定要养成及时漱口的好习惯。食物残渣没有了，口腔卫生做好了，疾病才会绕道走。

首先，将水含在嘴里，闭上嘴，然后鼓动腮帮子与唇部，使漱口水在口腔内充分与牙齿接触。

利用水的冲击力使其通过牙缝，反复冲洗口腔的各个部位，带走食物残渣。

# 45 牛奶必须天天喝吗

　　牛奶富含蛋白质、脂肪、碳水化合物以及钙、磷、铁、锌、铜等多种矿物质。最难得的是，牛奶是人体获取钙的最佳来源之一，而且钙磷比例非常适当，利于钙的吸收。钙对人体有着重要的作用，因此，建议同学们养成喝牛奶的习惯。

　　组成我们人体蛋白质的氨基酸有 20 种，但其中有 8 种是不能由人体自身合成而必须由食物供给的（婴儿为 9 种，比成人多的是组氨酸），这些氨基酸被称为必需氨基酸。我们进食的蛋白质中如果包含了所有的必需氨基酸，并且比例合适，能够满足人体蛋白质合成的需要，这种蛋白质便称为完全蛋白。而牛奶中的蛋白质就是完全蛋白。

牛奶中还含有丰富的钙，而且其中的乳糖能调节胃酸、促进胃肠蠕动和人体肠壁对钙的吸收，从而调节体内钙的代谢，维持血清钙浓度，增进骨骼的钙化。同学们正处于生长发育的关键时期，身体的骨骼也在这个时期发育成熟，因此对钙的需要量明显增加，摄入充足的钙可以保障骨骼的正常发育。如果钙的摄入不足或者缺乏，不仅会影响青少年的骨骼正常发育，还会增加老年后发生骨质疏松症的危险性。总之，牛奶中的钙不仅含量丰富，并且容易被人体吸收、利用，是人体从膳食中获得钙最好的、最经济的来源，可以说"每天一杯奶，骨骼保健康"。

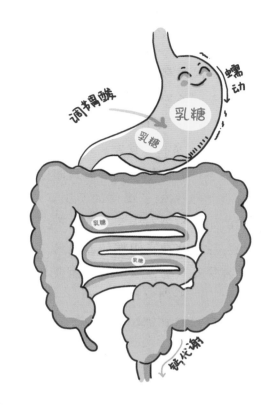

每天300毫升牛奶

除牛奶外，酸奶、乳酪、奶粉等奶制品中钙含量也较丰富，如果喝牛奶后肚子不舒服的同学，可以喝酸奶代替。《中国居民膳食指南（2016）》中，建议我们每天喝奶300克（约300毫升），或补充相当量的奶制品，还要积极锻炼身体，多晒太阳，以促进钙的吸收和利用。

# 46 为什么不能把零食当正餐

很多同学都喜欢吃零食，而且一吃就根本停不下来，一直吃到饭点，于是"零食"变成了"正餐"。在"零食和正餐傻傻分不清楚"这件事上，可能有些爱美的妈妈也给孩子做了错误的示范。你们的妈妈有没有因为减肥而不吃饭，只吃水果、喝酸奶，或者用全麦饼干代替正餐呢？下面要讲的内容同学们可要看仔细、记清楚，回家好好"教育"一下减肥的妈妈吧。

首先，大家知道什么是零食吗？在非正餐时间食用的各种少量的食物和饮料（不包括水）都属于零食。所以，两餐之间吃的水果、酸奶、坚果、饼干、薯片、糖果等都是零食。零食中既有营养丰富、易消化的"好零食"，也有含糖、盐或脂肪过多的"坏零食"。我们都知道最好不吃"坏零食"，但"好零食"也不能当饭吃。

水果中含有丰富的维生素、矿物质和膳食纤维，奶类中富含蛋白质和钙，坚果中含有一定的脂肪和蛋白质，这些都是名副其实的"好零食"。然而，虽然这些"好零食"可以补充身体所需的一部分营养素，但都不能一次吃太多。因为如果按照正常吃饭的量来吃这些零食的话，会对身体产生不好的影响：水果中含糖量高，多吃会腐蚀牙齿，还可能会发胖；吃太多的奶类食品，里面的钙不但不能被全部吸收利用，还会增加消化系统的工作负担；坚果中含油脂较多，一次吃太多身体也会吃不消。水果、饼干中都含有不少糖，饼干中还有大量油脂，大家想想，这些吃下去都在体内转化成了脂肪，减肥怎么可能成功呢？

正餐一般包括主食、蔬菜、肉类，人体需要的碳水化合物、脂肪、蛋白质、维生素、矿物质都在其中，一餐吃下去，既能补充身体消耗的能量，又能补给身体正常工作所需的各种原料和动力，这些是不管吃多少零食都无法实现的。同学们正处在长身体的关键时期，需要均衡而充足地摄入各种营养，为了能够长得高、身体棒，一定要好好吃饭，不能用零食代替正餐哦。

# 47 睡前不能吃零食

有的同学吃完晚饭后去玩了一会儿，在睡前突然觉得有些饿，准备拿起手边可口的零食美美地吃上两口。可是爸爸妈妈这时会把家里的零食全收起来，并叮嘱说睡前不能吃零食，这是为什么呢？

睡前吃饼干、糖果一类的零食，食物残渣很容易滞留在牙缝和牙齿表面，而糖类正好是口腔细菌最喜欢的食物。细菌"吃掉"这些零食残渣后发酵产酸，会溶解牙体矿物质，对牙齿产生破坏，最终形成黑色的斑点或空洞，就像热水滴在冰面上，会使冰面融化形成一个小洞，这就是所谓的龋齿（蛀牙）。

夜间唾液分泌减少，自身口腔清洁能力比较弱，零食残渣整夜滞留在牙齿表面和牙缝中，很快就会有龋齿产生，会大大增加患龋齿的风险。龋齿，俗称蛀牙、虫牙，是非常严重的牙齿问题。不仅是牙齿被腐蚀了，牙齿的中央神经也会被破坏，引发明显的疼痛，吃不下饭，睡不着觉，十分痛苦，家人也心疼。如果牙齿的洞太大，或者已经伤到了神经，就只能去医院拔牙了。

另外，睡觉的时候身体更容易吸收营养。睡前吃零食产生多余的能量会被消化吸收，转变为脂肪储存在体内。长时间的脂肪堆积就会使人变得肥胖，影响身体健康。

所以，不仅是睡前不能吃零食，还要养成睡前刷牙的好习惯哦。